BEI GRIN MACHT SICH IHR
WISSEN BEZAHLT

- Wir veröffentlichen Ihre Hausarbeit,
  Bachelor- und Masterarbeit

- Ihr eigenes eBook und Buch -
  weltweit in allen wichtigen Shops

- Verdienen Sie an jedem Verkauf

Jetzt bei www.GRIN.com hochladen
und kostenlos publizieren

Thomas Windhoevel

Wissen - Innovation - Kreativität: Abgrenzungen von drei Kernbegriffen der Diskussion

GRIN Verlag

Bibliografische Information der Deutschen Nationalbibliothek:

Die Deutsche Bibliothek verzeichnet diese Publikation in der Deutschen National-
bibliografie; detaillierte bibliografische Daten sind im Internet über http://dnb.d-
nb.de/ abrufbar.

Impressum:

Copyright © 2010 GRIN Verlag, Open Publishing GmbH
Druck und Bindung: Books on Demand GmbH, Norderstedt Germany
ISBN: 978-3-656-14171-6

Dieses Buch bei GRIN:

http://www.grin.com/de/e-book/189731/wissen-innovation-kreativitaet-abgrenzun-
gen-von-drei-kernbegriffen

LMU Ludwig-Maximilian-Universität München   Sommersemester 2010

Department für Geografie

Lehrstuhl für Wirtschaftsgeografie

Seminararbeit

zum

Hauptseminar

„Geographien des Wissens und der Kreativität"

Thema:

Wissen – Innovation – Kreativität: Abgrenzungen von drei

Kernbegriffen der Diskussion

Verfasser:

Thomas Windhövel

Studiengang: Lehramt Realschule

Semesterzahl: 6

Abgabedatum: 30.09.2010

Inhaltsverzeichnis

1. Themenhinführung 2

2. Wissen 3
   2.1 Bildungsgeografie – In wieweit ist „Wissen" raumwirksam? 3
   2.2 Wissen und Macht 5
   2.3 Kategorien von Wissen 5
   2.4 Wissen als Produktionsfaktor: Humankapital 6
   2.5 Die Wissensgesellschaft 7

3. Innovation 8
   3.1 Arten von Innovationen 9
   3.2 Innovative Milieus 10
   3.3 Innovationsmanagement, Innovationsrisiken und Innovationskooperationen 10

4. Kreativität 12
   4.1 Kreativität als Prozess zur Problemlösung – einteilbar in Phasen 13
   4.2 München als Kreativitätsstandort 13

5. Schluss - Abgrenzung der Begriffe 17

6. Gedruckte Quellen 18

7. Internetquellen 19

1. Themenhinführung

In dieser Arbeit werden die Begriffe Wissen, Innovation und Kreativität erläutert und in verschiedene geografische und betriebswirtschaftliche Kontexte gesetzt. Am Schluss der Arbeit wird versucht die Begriffe nach ihrer Art abzugrenzen.

Zuerst wird sich dem Begriff Wissen zugewendet. Er wird, nach einer kurzen Definition, aus geografischer Sicht erläutert. Danach wird auf den Machtaspekt von Wissen, eine Kategorisierung versucht und auf das Humankapital Wissen eingegangen. Abgerundet wird dieser Teil mit einem Einblick in die Wissensgesellschaft.

Danach wird der Begriff Innovation erläutert. In Bezug auf Arten, Qualität und Innovative Milieus wird der Begriff aus der geografischen Sicht beleuchtet. Es werden die Wichtigkeit des Innovationsmanagements, der Innovationsrisiken und der Innovationskooperationen erwähnt.

Zuletzt wird sich dem Begriff der Kreativität zugewendet. Nach einer Definition werden geografische Hintergründe und eine Phaseneinteilung aufgezeigt. Mit einem Beispiel (München als Kreativitätsstandort) wird dieser Teil abgerundet.

2. Wissen

Zuerst wird mit einer Definition nach PROBST (et al 2003, S. 22) begonnen: „Wissen bezeichnet die Gesamtheit der Kenntnisse und Fähigkeiten, die Individuen zur Lösung von Problemen einsetzen. Dies umfasst sowohl theoretische Erkenntnisse als auch praktische Alltagsregeln und Handlungsanweisungen. Wissen stützt sich auf Daten und Informationen, ist im Gegensatz zu diesen jedoch immer an Personen gebunden." Also nach dieser Definition ist Wissen eine Summe von erlernten Fähigkeiten. Es umfasst also nicht angeborene Fähig- und Fertigkeiten. Außerdem ist das Wissen sehr individuell, der Begriff vielschichtig und kontextbezogen. Auf die weiteren Facetten (Wissen ist Macht und die Einteilung des Begriffs in Kategorien) wird nachfolgend eingegangen.

Zuerst wird jedoch der Frage nach der Raumwirksamkeit von Wissen nachgegangen, weil es sich um eine geografische Arbeit handelt.

2.1 Bildungsgeografie – In wieweit ist „Wissen" raumwirksam?

Unterschiedliche Formen von Wissen haben die kulturelle, technologische, wirtschaftliche Entwicklung, die Wettbewerbsfähigkeit und den Erfolg von Institutionen und sozialen Systemen beeinflusst, aber auch zur Entstehung von regionalen und sozialen Disparitäten geführt. Entwicklung und Fortschritt stehen immer in Zusammenhang mit neuem Wissen. Ab der 2. Hälfte des 19. Jahrhunderts erhielt Wissen und berufliche Qualifikation eine so hohe Bedeutung, dass diese Humanressource „Wissen" zu einem wichtigen Produktionsfaktor (s. auch Punkt 2.4) wurde. Gleichzeitig fand eine regelrechte Wissensexplosion statt, weil die gespeicherten Informationsbestände stetig wachsen. Neues Wissen tritt nicht immer überall gleichzeitig auf, sondern diffundiert von bestimmten Innovationszentren aus und verschafft diesen einen klaren Startvorteil. Da neues Wissen neue räumliche Ungleichheiten schafft, ist es sinnvoll räumliche Disparitäten und Diffusionsprozesse der verschiedenen Arten von Wissen sowie deren Ursachen und Auswirkungen zu erforschen. Nachfolgend werden weitere Ursachen für die räumliche Ungleichverteilung von Wissen aufgezählt:

Räumliche Diffusion von Wissen beansprucht je nach der Art des Wissens (auf die verschiedenen Arten und Kategorien des Wissens wird unter Punkt 2.3 noch eingegangen) lange Zeiträume. Viele Arten von neuem Wissen sind nie in die Peripherie vorgestoßen, sondern sind auf regionaler Ebene verblieben.

Sozio-kulturelle Determinanten von Kreativität und gesellschaftliche Einflussfaktoren sind im Raum ungleich verteilt. Diese gesellschaftlichen Rahmenbedingungen, die die wirtschaftliche Umsetzung von Wissen in hohem Maße fördern oder behindern können, sind in den einzelnen Regionen unterschiedlich. Räumliche Strukturen des Wissens sind eng mit räumlichen Strukturen der Macht und Kontrolle verbunden, so dass bestimmte Arten von Wissen eher in Zentren anzutreffen sind, als in Peripherie.

Bestimmte Arten (vor allem das implizite) des Wissens sind an Personen, Institutionen gebunden und werden ohne ökonomischen Vorteil nicht weitergegeben. Es können nur Informationen über das Internet in kurzer Zeit weltweit verbreitet werden. Wissen, Kreativität und Erfahrung ist an Personen und deshalb auch räumlich gebunden.

Auch die Institutionen der Wissensvermittlung sind ungleich im Raum verteilt und werden von allen Gesellschaftsschichten nicht in gleicher Weise in Anspruch genommen, deshalb haben sich Städte in Viertel aufgeteilt, in denen Menschen aus ähnlichen gesellschaftlichen Schichten leben, die jeweils andere Anforderungen an ihre Umgebung haben. So haben sich im klassischen Arbeiterviertel andere Geschäfte und Lokale niedergelassen, als in einem Villenviertel.

Die räumliche Ungleichverteilung von Humanressourcen hat auch den räumlichen Diffusionsprozess von neuem Wissen und Innovationen beeinflusst.

Räumliche Disparitäten des Ausbildungsniveaus wird durch Migration oft noch verstärkt anstatt abgebaut.

Auch die Nachfrage der Wirtschaft nach Absolventen bestimmter Ausbildungsebenen ist räumlich ungleich verteilt.

Neues Wissen und tiefgreifende Neuerungen gingen meist von einer Region oder wenigen benachbarten Regionen aus und wurden erst nach einem langfristigen Diffusionsprozess von anderen Regionen übernommen (z. B.: mechanischer Webstuhl in England). Dieser Vorsprung verschafft den Innovationsregionen einen großen Wettbewerbsvorteil. Diese regionalen Zentren wirtschaftlicher Macht wurden dann oft auch zu Zentren der politischer und religiöser Macht. Deshalb ist es notwendig, dass sich die Humangeografie auch den räumlichen Disparitäten von Ausbildung, Qualifikation und Kompetenz widmet (MEUSBURGER 1998, S. 1-3; BRUNOTTE et al 2002, S. 162f.).

2.2 Wissen und Macht

Das führt zu der Fragestellung, inwieweit Wissen und Macht zusammenhängen und wie sie sich gegenseitig beeinflussen. Durch historische Beispiele kann man erkennen, dass Wissen (wirtschaftliche Macht) und politische Macht immer zusammenhingen.

In China wurde in der Han-Dynastie ein Prüfungssystem für Staatsbeamte geschaffen, in dem die Ranghöhe des Beamten von der Zahl der bestandenen Prüfungen abhing. Schon damals war der Zusammenhang zwischen dem Rang der Prüfung und dem Rang des Prüfungsortes in der Siedlungshierarchie zu erkennen.

Auch in der katholischen Kirche ist ein Zusammenhang zwischen Wissen und Macht zu erkennen. Die Kirche konnte lange Zeit in der damals bekannten Welt ihre Macht und Einfluss ausbauen und bewahren, weil die Führungskräfte eine hochqualifizierte und formale Ausbildung genossen haben, die über der Masse der Bevölkerung lag. Deswegen war die Kirche Jahrhunderte lang ein Zentrum des Wissens (MEUSBURGER 1998, S. 7). Auch heute kann beobachtet werden, wie in Deutschland sich politische Macht und Wissen gegenseitig fördern. So hat Berlin als Hauptstadt und Sitz der Bundesregierung auch die meisten Hochschulen vorzuweisen (ASCHENDORFF VERLAG (Hrsg.) 2010).

2.3 Kategorien von Wissen

Da der Begriff vielschichtig ist und die Bewertung kontextbezogen, ist eine Kategorisierung schwierig. Es wurden folgende Kategorien ausgewählt, weil sie am griffigsten, naheliegensten und verständlichsten sind.

J. F. LYOTARD 1994 (zit. nach MEUSBURGER 1998, S. 62) teilt Wissen in die Eigenschaften wissenschaftlich und narrativ auf. Wissenschaftliches Wissen ist nur ein Teil des ganzen Wissens und steht im Wettstreit und Konflikt mit dem Narrativen. Narratives Wissen erlaubt eine Pluralität von Ansichten und ist keinem Beweis unterworfen. Es besteht aus Legenden, religiösen Traditionen und eigenen Erfahrungen. Es wird unhinterfragt und ohne wissenschaftliche Prüfung übernommen und gebraucht.

M. SCHELER 1926 (zit. nach MEUSBURGER 1998, S. 60) fasst den Begriff anders auf und teilt ihn in Leistungswissen, Bildungswissen und Heilswissen auf. Leistungs- und Fachwissen dient der äußeren Daseinsgestaltung und ist vor allem für den Beruf notwendig. Bildungswissen ist für die Persönlichkeitsbildung und geistige

Horizonterweiterung nützlich. Es steht vor allem im Dienste des Individuums und kann nur selten an außenstehende vermittelt werden. Das Heils- oder auch Erlösungswissen wird auch als das geoffenbarte Wissen bezeichnet. Es dient vor allem der religiösen, politischen und ideologischen Existenz. Es kann selten hinreichend und neutral begründet und vermittelt werden.

Nach MANDL 1997 und OBERAUER 1993 (zit. nach MEUSBURGER 1998, S. 63f.) wird bei kognitiven Informationsverarbeitungstheorien zwischen deklarativem und prozeduralem Wissen unterschieden. Deklaratives besteht aus Faktenwissen und Datenstrukturen, die nach bestimmten Regeln manipuliert werden können. Prozedurales ist Handlungswissen und Regeln, nach denen Datenstrukturen manipuliert werden können. Fakten- und Handlungswissen widerspricht sich nicht, sondern ergänzt sich. Im Beruf z. B. muss das im Studium angeeignete Wissen angewendet werden. Dazu ist im großen Maße Transferdenken gefragt.

2.4 Wissen als Produktionsfaktor: Humankapital

Wie kann Wissen in unserer Gesellschaft auch ökonomisch genutzt werden? Wissen und wirtschaftlicher Erfolg stehen in direktem Zusammenhang.

Grundsätzlich wird zwischen Sachkapital, Humankapital und sozialem Kapital unterschieden. Im Sachkapital können alle materiellen Ressourcen zusammengefasst werden. Das soziale Kapital beschreibt Beziehungen unter Menschen, die im globalisierten Geschäftsprozess für die wirtschaftliche Weiterentwicklung der Unternehmung immer wichtiger werden.

Der Fokus liegt aber beim Humankapital, das auch als naturwissenschaftlich-technisches Wissen bezeichnet werden kann (BATHELT, GLÜCKLER 2002, S. 56f.). KULKE (2009, S. 34) bezeichnet das technische Wissen neben Arbeit, Kapital und Boden sogar als vierten Produktionsfaktor. Unter technischem Wissen wird hier das Wissen über Produkte, Produktionsverfahren und die Organisation betriebswirtschaftlicher Prozesse verstanden.

Humankapital ist eine Menge, die aus Qualifikation und Kosten des Personals besteht und neben materiellen Ressourcen (Kapital) und Infrastruktur eine sehr wichtige Faktorausstattung der Unternehmung im internationalen Wettbewerb darstellt (KULKE 2009, S. 34).

Jetzt wird das technische Wissen noch in explizites, kodifizierbares und in implizites, stilles unterteilt.

Wissen kann als explizit und kodifizierbar beschrieben werden, wenn es in Form von Regeln und Formeln niedergeschrieben ist, leicht wiedergegeben werden kann und zu dem noch ubiquitär (überall) vorhanden ist. Dieses Wissen benötigt aber einen spezifischen Kontext, da es sich sonst nur um Informationen handelt.

Implizites und Stilles dagegen ist an Personen gebunden, die oft mehr wissen als sie wiedergeben können. Dieses Wissen kann nur durch zeitaufwendige Lernprozesse erworben werden, auf die die lernende Person bewusst ihre Aufmerksamkeit lenken muss. Das Wissen kann beständig verändert und erweitert werden. Es ist mit der Person standortgebunden und nicht leicht transferierbar.

Aber auch kodifiziertes Wissen kann durch einen spezifischen Kontext in eine Form transformiert werden, die nicht leicht zu übertragen ist und auch standortgebunden ist. Kodifiziertes Wissen wird vor allem für technischen Fortschritt genutzt, der auch als Innovation bezeichnet wird. Hier kann es problembezogen angewendet werden und zur Kreierung neuer oder zur Verbesserung vorhandener Produkte verwendet werden. Im Bezug auf Innovation ist es besonders wichtig, dass dieses Wissen in Form von neuen, effizienteren Organisationsformen und neuen Maschinen gewinnsteigernd eingesetzt wird (BATHELT, GLÜCKLER 2002, S. 56f.).

2.5 Die Wissensgesellschaft

Was zeichnet unsere westliche Gesellschaft hinsichtlich der Bedeutung des Wissens aus? Wie könnte die Entwicklung in Zukunft aussehen?

Die Informatisierung der modernen Welt ist ein großes Kennzeichen der Wissensgesellschaft. Die Bedeutung von Information und Wissen hat in unserer Gesellschaft gewaltige analytische und konzeptionelle Herausforderungen zur Folge gehabt. Dieses Phänomen hat außerdem seinen Teil zur Neuordnung der Gesellschaft beigetragen. Die zukünftige Gesellschaft ist deswegen nicht mehr von oben herab planbar, durch überschaubare hierarchische Beziehungen beherrschbar und gestaltbar, da Trends, wie Dezentralisierung, Kooperationen und die weitere Beeinflussung des täglichen Lebens durch den Computer (iPhone, Navigationssysteme im Auto, …) zu beobachten sind.

Ursächlich für den Erfolg von Kooperationsnetzwerken ist eine Form der Kontrolle der Arbeit anderer (Großraumbüros, Kameraüberwachung der Mitarbeiter, …) und neue Arten der psychologischen Mitarbeitermotivation. Die Entwicklung von Open Source-Software Diensten ist ein Zeichen der Dezentralisierung. Ein Grund für die Dezentralisierung kann auch die gesunkenen Kosten für Telekommunikation sein. Man benötigt in einer

Wissensgesellschaft keine bestimmende Führungsschicht mehr, denn das Wissen entsteht an vielen Orten und kann mit Hilfe der modernen Informationstechnologien auch zielgerecht verteilt werden. Dies kann aber nur unter der Bedingung von Freiheit von statten gehen. Demokratien sind in Zeiten des dauernden Wandels unvermeidlich und effizient.

In der zukünftigen Wissensgesellschaft ist die Nutzung des Wissens anderer (z. B. Internet, Wikipedia,...) notwendig. Dies ist nur gewährleistet, wenn vom Prinzip des homo oeconomicus (ein Individuum verhält sich ausschließlich vernünftig und verfolgt immer seinen Eigennutz) abgegangen wird. Im Internet kann man das jetzt schon beobachten. Leute schreiben für Foren wie Wikipedia oder stellen ihre wissenschaftlichen Arbeiten online, ohne einen finanziellen Ausgleich dafür zu erhalten (LUTTERBECK 2006).

3. Innovation

Zuerst wird eine Erläuterung des Begriffs gegeben. Danach wird die Notwendigkeit von Innovationen vor allem für die Wirtschaft erläutert.

Im Allgemeinen bedeutet Innovation erneuern, verändern und entdecken. Nach ZURBRIGGEN (2009, S. 29) braucht Innovation einen kreativen Zugang, aber auch das Auffinden von sachdienlichen und neuartigen Lösungen für ein Alltagsproblem ist Innovation. Der Innovationsbegriff muss in verschiedene Kontexte gesetzt werden, weil das Feld der Innovationen groß ist. In der Technik geht es um Produktinnovationen, in der Botanik geht es um pflanzliche Erneuerungsprozesse; im soziale Bereich geht es um Organisationsinnovationen, in der Betriebswirtschaftlehre geht es um Neuheiten, ob prozess- oder produkttechnisch (SCHWEITZER zit. nach: BEA et al 2009, S. 158; BIERMANN et al 1997, S. 2).

In Bezug auf die Geografie kann Innovation als raumwirksame Neuerungen, die sich von einem oder mehren Zentren in die Peripherie ausbreiten, beschrieben werden. Ein Beispiel hierfür ist die Verbreitung einer neuen raumwirksamen Verhaltensweise im sozialgeografischen Kontext. Diese Ausbreitung einer Innovation wird auch als Diffusion bezeichnet (LESER (Hrsg.) 1997, S. 383). Nach KULKE (2009, S. 104) beruht der räumliche Aspekt der Theorie der langen Konjunkturwellen (auch Kondratieff-Zyklen genannt) auf der Annahme, dass jede lange Welle zur Herausbildung von monostrukturierten Industrieballungen geführt hat und dass sich die Produktionsbetriebe oder allgemein Unternehmungen der nächsten großen Welle sich in jeweils anderen Räumen ergeben.

Laut Schumpeter (zit. nach KULKE 2009, S. 93) ist Innovation die zentrale Antriebskraft der wirtschaftlichen Entwicklung bzw. eines Strukturwandels. Ihr auftreten ist diskontinuierlich, d. h. mit zeitlichen und räumlichen Brüchen. Ein Neuerungsprozess beginnt mit dem Wissen und der Erkenntnis des Produkts oder des Verfahrens. Dann erfolgt die Invention (Erfindung), die bei Anwendbarkeit zur Neuerung führen kann. Die Neuerung muss dann noch übernommen werden. Wenn dies möglich und erfolgt ist, muss sie noch, nach der Markteinführung, durch Diffusion verbreitet werden (BIERFELDER 1994, S. 39). Die beabsichtigte Wirkung von Innovationsprozessen ist die Steigerung der Wettbewerbsfähigkeit der betroffenen Regionen (KULKE 2009, S. 259). Da dieser Prozess langwierig und kostenintensiv ist, schaffen es nur wenige Inventionen/Innovationen bis zur Realisation.

3.1 Arten von Innovationen

Weiter können Innovation nach ihrer Qualität unterteilt werden. Es wird grundsätzlich zwischen Basis- und Verbesserungsinnovationen unterschieden. Unter Basisinnovationen fallen Jahrhundertinnovationen (z. B.: Dampfmaschine), Schrittmacher- oder Schlüsseltechnologien, die für die kulturelle Weiterentwicklung einer Gesellschaft große Bedeutung haben. Außerdem revolutionieren sie das wirtschaftliche und soziale Leben in den betroffenen Regionen. Sie tritt immer in Schüben und Zyklen auf. Verbesserungsinnovationen, wie der Name schon sagt, verbessern lediglich schon bestehende Strukturen oder Produkte (KULKE 2009, S. 94; BIERFELDER 1994, S. 28). Dann wird zwischen Abstufbarkeit der Innovation und dem Neuheitsumfang unterschieden. Die Abstufbarkeit bestimmt den Neuheitsgrad, der die Ausprägung der Neuheit zu einem bestimmten Zeitpunkt beschreibt: Hochgradig neue patentierbare Inventionen (Erfindungen), mittelgradig neue und kostengünstige Imitationen (Nachahmung) bis zu niedrigen kleineren Verbesserungen bei den einzelnen Komponenten des alten Produkten: Modifikation und Variation (SCHWEITZER zit. nach: BEA et al 2009, S. 158).

In der Dimension des Neuheitsumfangs wird der Verlust, der Schwund, die Alterung und der Verfall der Neuheit im Zeitablauf gemessen. Von der Einführung des Produkts auf dem Markt bis zum Ende des Marktzyklus' empfindet der Käufer bei konkurrierenden Produkten oft einen Nutzenschwund. Dieser hängt von dem Zeitpunkt und den Kundenbedürfnissen ab und von etwaigen Konkurrenzprodukten (SCHWEITZER zit. nach: BEA et al 2009, S. 158). Es gibt einen Innovationslebenszyklus, der sich ähnlich wie der Produkt- oder Marktlebenszyklus verhält. Dieser zeigt, dass Betriebe zu Beginn des Zyklus hohe Anteile ihres Umsatzes für die Verbesserung und Weiterentwicklung des Produktes aufwenden (gehört noch zur Phase der eigentlichen Produktinnovation). Spätere Ausgaben werden für Optimierung des Herstellungsprozessverfahrens (gehört zur Phase der Prozessinnovation) investiert. Dann in der Reifephase wird nur noch wenig bis gar keine Ausgaben für Innovationen getätigt. Man verfolgt eine Art Abschöpfungsstrategie (KULKE 2009, S. 97).

Innovationen werden in der Wissenschaft („Research": Erarbeitung von allgemeinen, grundlegenden und abstrakten Wissensformen) und Technologie („Development": Lösung konkreter ökonomischer oder gesellschaftlicher Probleme durch spezifische und anwendungsbezogene Methoden) entwickelt (KULKE 2009, S. 94).

3.2 Innovative Milieus

Die Theorie der Innovativen Milieus besagt, dass die Existenz eines Milieus die Voraussetzung für die Entwicklung von Wachstumsindustrien darstellt. Das Konzept geht von der großen Bedeutung regionaler Vernetzungen aus und betont besonders die Bedeutung von vorhandenen Umweltbedingungen, die das innovative Verhalten begünstigen. Ein innovatives Milieu kann durch die zentralen Akteure (Stadtverwaltung, …) gefördert werden (KULKE 2009, S. 131).

3.3 Innovationsmanagement, Innovationsrisiken und Innovationskooperationen

Für das Fortbestehen einer Unternehmung oder einer Institution (z. Bsp. Universitäten), ob im Fertigungs-, oder Dienstleistungsbetriebe, sind Innovationsprozesse wichtig. Diese kann man nicht dem reinen Zufall überlassen, sondern sie müssen im Rahmen des Innovationsmanagements ins Führungssystem integriert werden. Deswegen müssen die

Prozesse der Innovationen organisiert, geplant und flexibel gestaltet werden. Innovationserfolg kann nicht immer finanziell gemessen werden. Es kommt auf das Ziel der Innovation an. Es kann auch technisch, sozial oder ökologisch bestimmt werden. Um Innovationsprozesse möglichst erfolgsorientiert durchführen zu können, müssen Erfolgs- und Verlustfaktoren bestimmt und Analysen betrieben werden (SCHWEITZER zit. nach: BEA et al 2009, S. 158).

Da Innovationsprozesse reifende Prozesse sind, können Inhalte und Strukturen zu ihrem Anfang nur schwer bestimmt werden. Das nennt man auch Innovationsrisiken. Erst im Prozessfortschritt verbessert sich der Kenntnisstand, der auch dazuführen kann, dass das Projekt zu diesem Zeitpunkt abgebrochen werden muss, weil z. Bsp. zentrale Probleme unlösbar sind. Ein weiteres Problem liegt auch darin, dass ab einem bestimmten Durchführungsgrad das Vorhaben nicht mehr abgerochen werden kann, auch wenn die Ergebniserwartung sehr viel niedriger angesetzt werden muss. Dieser Durchführungsdruck entsteht auch durch die hohen Investitionsausgaben und Personaleinsätze die bereits ausgegeben wurden. Außerdem spricht ein möglicher Prestigeverlust gegen einen Abbruch des Projekts. Ob Innovationen zu den gewünschten Ergebnissen und finanziellen Erfolgen führen, hängt u. a. von der Neuheit, dem Kundennutzen und von möglichen Konkurrenzprodukten ab. Zu dem bemühen sich in einer freien Marktwirtschaft viele Anbieter um Neuerungen, was zu Wettbewerbs- und Durchsetzungsrisiken führt. Es können aber auch unternehmensinterne Widerstände auftreten, wenn die Mitarbeiter von den Innovationen nicht begeistert werden können und die Neuerungen boykottieren. So müssen innerbetriebliche, zwischenbetriebliche, behördliche und protestbedingte Durchsetzungsrisiken frühzeitig erkannt und abgebaut werden (SCHWEITZER zit. nach: BEA et al (2009), S. 158).

Innovationskooperationen, Fremdforschung, Auftragsforschung und Gemeinschafts- forschung haben sich hinsichtlich der strategischen Vorteile Spezialisierung und Kostenersparnis bewährt. Bei der Fremd- und Auftragsforschung werden außen stehende Unternehmen für spezielle Projekte oder dauerhaft beauftragt Innovationen für das eigene Unternehmen zu entwickeln. Bei Innovationskooperationen schließen sich Unternehmen zusammen, um hinsichtlich der Forschung & Entwicklung intensiv zusammenzuarbeiten und Synergieeffekte zu nutzen. Wenn sich Auftragsforschung bewährt hat und dauerhaft und institutionalisiert betrieben wird, beschränken sich die Ergebnisse der Forschungs- & Entwicklungsabteilung auf die Kooperationspartner. Diese Initiative kann von allen

Partnern ausgehen. Daraus können sich auch Innovationsnetze bilden (SCHWEITZER zit. nach: BEA et al (2009), S. 158).

4. Kreativität

Kreativität ist die Fähigkeit von Menschen, Probleme durch etwas Neues, Originelles oder Ungewöhnliches zu lösen. Kreativ ist, wenn man aus gewohnten Denkstrukturen ausbrechen, bestehendes Wissen und Erfahrungen neu kombinieren und immer wieder die Perspektive wechseln kann. So können nützliche Ergebnisse zielorientiert generiert werden. Kreativität ist an Menschen gebunden. Kreative Menschen in Wissenschaft, Forschung, Kunst, Kultur und Wirtschaft bringen für ihren Standort ständig neue Ideen, Konzepte sowie Technologien hervor. Die eingesetzten intellektuellen Fähigkeiten und Kreativität schaffen Innovationen, die die Grundvoraussetzung für wirtschaftlichen Erfolg und Wachstum bilden.

Kreative Arbeit leisten nicht nur die, die in gestalterisch-kreativen Bereichen (wie z. B.: als Künstler, in den Medien, in der Werbung, in der Architektur) tätig sind, sondern auch die hoch qualifizierten Wissensarbeiter, die in den verschiedenen High-Tech Branchen wie dem Fahrzeugbau, der Luft- und Raumfahrt oder dem IT-Bereich tätig sind oder in den wissensintensiven Dienstleistungsbranchen wie z. B. der Bank- und Versicherungswirtschaft arbeiten.

Aktuelle Wirtschaftstheorien sehen in Kreativität und Wissen die neuen Rohstoffe, die langfristiges Wachstum sicherstellen. Der Wegfall von Arbeitsplätzen in den traditionellen Branchen der industriellen Fertigung und die Zunahme der Produktion von wissensintensiven Gütern und Dienstleistungen ist ein Zeichen für den ökonomischtechnologischen Strukturwandels, der alle westlichen Industriestaaten seit Jahren betrifft und zur Ausbildung der Wissensökonomie führte (HAFNER 2007, S. 6).

Um wieder kurz die Brücke zur Raumwissenschaft zu schlagen, werden hier noch die vier raumwirksamen Aspekte der Kreativität erwähnt: die kreative Person, die im Raum handelt, das kreative Produkt, das an einem Ort entsteht, der kreative Prozess und die kreative Situation (auch als Milieu bezeichnet), wobei von Außenstehenden nur das kreative Produkt beobachtet werden kann (MEUSBURGER 1998, S. 75).

4.1 Kreativität als Prozess zur Problemlösung – einteilbar in Phasen

Zur Lösung von Problemen und für den Ablauf kreativer Prozesse wurden Stufen als Hilfsmittel entwickelt. So kommt z. B. GUILFORD (zit. nach: KÖCK et al 1997, S. 392) in Anlehnung an informationstheoretische Konzepte zu folgenden Phasen: 1. Phase Information. Man muss sich erst ausreichend über einen Sachverhalt informieren. 2. Phase Intuition. Zeit und Raum für die Entwicklung der Gedanken müssen vorhanden sein. Evaluation in der 3. Phase, um das Entstandene kritisch zu hinterfragen. In der 4. Phase dann schließlich die Elaboration, um das Neue in die vorhandenen Strukturen einzuarbeiten.

4.2 München als Kreativitätsstandort

Für die wirtschaftliche Zukunftsfähigkeit und das Wachstum von Städten werden die Ressourcen Wissen und Kreativität immer wichtiger. Auch die Münchner Region bleibt langfristig nur erfolgreich, wenn die Wirtschaftsstruktur der Stadt sich auf wissensintensive und kreative Branchen konzentriert und für hoch qualifizierte und kreative Beschäftigte attraktiv ist. Wirtschaftliche Aktivitäten sind heutzutage in einem höheren Maße als in der Industriegesellschaft mit technischem und organisatorischem Wissen verbunden. Die Anwendung und Nutzung von Wissen stellt den ökonomischen Mehrwert dar und ermöglicht, dieses Wissen zu kommerzialisieren. Bereitschaft und das passende Umfeld für kreatives Denken und Handeln ist die unabdingbare Voraussetzung, Wissen als Wachstumsressource nutzen zu können. Die Zukunft der Städte liegt einerseits in ihrer Kompetenz zur Spezialisierung in ausgewählten Wachstumssektoren, sowie andererseits in ihrer Fähigkeit, kreative Wissensarbeiter hervorzubringen, anzuziehen und an den eigenen Standort zu binden (HAFNER 2007, S. 6f.).

Nun wird mit Hilfe ausgewählter Indikatoren das von Richard Florida entwickelte regionalökonomische Modell auf München übertragen. Gemäß Florida werden nur die Städte und Regionen mit wirtschaftlichem Wachstum rechnen können, in denen die Faktoren Technologie, Talent und Toleranz stark ausgeprägt sind (HAFNER 2007, S. 7).

Zuerst wird auf die in München ansässigen wissensintensiven und kreativitätsorientierten Branchen eingegangen. Bestimmend für die wissensintensiven Sektoren ist ein hoher Anteil an Beschäftigten mit Hochschulabschluss. Im Bereich der Produktion handelt es sich um die High-Tech-Industrien, die durch hohe Aufwendungen für Forschung und

Entwicklung gekennzeichnet ist. Da diese Industriezweige stabile Wachstumsraten aufweisen werden sie als Konjunkturmotoren betrachtet. München verfügt über ein breites Spektrum an High-Tech-Branchen. Dazu gehören auch Produzenten und Dienstleister von Informations- und Kommunikationstechnologien und anderen neuen Industrien mit einem hohen Anteil an Forschungs- und Entwicklungstätigkeiten wie die Biotechnologie, die Medizintechnik oder die Umwelttechnologie ebenso wie klassische, aber dennoch technologieintensive Branchen wie der Fahrzeug- und Maschinenbau und die Luft- und Raumfahrt. Wissensintensiv sind auch die unternehmensorientierten Dienstleistungen wie Banken und Versicherungen, oder Rechts- und Wirtschaftsberatung. Als zweitgrößtes Bankenzentrum und größter Versicherungsstandort in Deutschland ist München auch im Bereich der wissensintensiven Dienstleistungen gut positioniert (HAFNER 2007, S. 8).

Einen positiven Einfluss auf die regionale Wirtschaftsentwicklung haben die Branchen des kreativen Sektors. Hier vereinigen sich künstlerische Ideen in gefragten Produkten mit technologischer, innovativer und wissenschaftlicher Kreativität. Zu diesem Bereich gehören Künstler, Kultur- und Kreativberufe sowie stärker marktorientierte Wirtschaftszweige wie Architekturbüros, Verlage, Radio, Film und Fernsehen oder auch die Werbung. Der kreative Sektor entwickelte sich in den letzten 10 Jahren durch die kulturelle Durchdringung der Wirtschaft zu einer eigenständigen Wertschöpfungsquelle und zu einem Wachstumsmarkt (HAFNER 2007, S. 9).

Jetzt folgt ein kurzer Überblick über die Struktur und die Berufsgruppen der kreativen Wissensarbeiter der Stadtregion.

Rund 30% der ansässigen Unternehmen in der Region München sind im Jahr 2004 in den kreativen und wissensintensiven Branchen tätig. Sie erwirtschaften knapp ein Viertel des Gesamtumsatzes aller in der Region München ansässigen Unternehmen und beschäftigen rund 30% aller sozialversicherungspflichtigen Arbeitskräfte. Die wirtschaftliche Bedeutung sowie die Relevanz der wissensintensiven Branchen ist für den regionalen Arbeitsmarkt viel größer als die des kreativen Sektors Obwohl über 50% aller kreativen und wissensintensiven Unternehmen im künstlerisch-entwerfenden Bereich tätig sind, erwirtschaften sie nur knapp 20% des Gesamtumsatzes der kreativen und wissensintensiven Branchen und beschäftigen nur knapp über 25% der Arbeitskräfte in diesen Sektoren. Kreative Wissensarbeiter haben oft neue technologieintensive Produkte und neue wissensbasierte Dienstleistungen erfunden. Ihnen wird deswegen von den Unternehmen und der Stadtpolitik immer Aufmerksamkeit geschenkt, weil es gilt, sie durch gute Ausbildung hervorzubringen oder aus anderen Regionen anzuziehen und sie schließlich am Standort halten zu können (HAFNER 2007, S. 9).

Die Hochkreativen arbeiten in Sektoren, wie z. B. im Journalismus, im Verlagswesen, bei Film- und Fernsehen, in der Werbung, im Grafik- und Designbereich und in der Architekturbranche. Die Kreativität der hoch qualifizierten Wissensarbeiter ist in den Bereichen der technologisch-ökonomischen Problemlösungen gefragt. Zu diesen zählen Wissenschaftler, Ingenieure, IT-Fachkräfte. Aber auch Finanzdienstleister, Rechts-und Wirtschaftsberater. Diese arbeiten in Münchens IT-Branche, in der Bio- und Umwelttechnologie, in der Medizintechnik, dem Fahrzeug- und Maschinenbau und der Luft- und Raumfahrt sowie in der Bank- und Versicherungsbranche oder der Rechts- und Wirtschaftsberatung. Diese zwei Arten menschlicher Kreativität (die künstlerisch-gestaltende und die technisch-ökonomische) beeinflussen und verstärken sich gegenseitig und treiben im Ergebnis die wirtschaftliche Entwicklung einer Region voran (HAFNER 2007, S. 14).

Es folgt ein kurzer Überblick zu den Standortanforderungen kreativer Dienstleister. Auch für die Standortwahl kreativer Dienstleister sind Standortfaktoren wie die Nähe zu Kunden und Zulieferern oder eine zentrale Lage wichtig. Zusätzlich muss das Arbeitsumfeld besondere Qualitäten aufweisen, damit die Kreativität und der Schaffensdrang freigesetzt werden kann, z. B. muss ein Klima der Offenheit und Toleranz herrschen (HAFNER 2007, S. 16).

Kreativ sind diese Dienstleister dort, wo sie sich wohlfühlen und wo ein anregendes Umfeld auf sie einwirkt. Beliebte Standorte sind in München zum Beispiel das innerstädtische Glockenbachviertel oder das von ihnen neu entdeckte Bahnhofsviertel wie auch die Kultfabrik. Die Quartiere, in denen sich die kreativen Dienstleister ansiedeln, verzeichnen oftmals eine dynamische Entwicklung, sie verändern ihr Erscheinungsbild (Häuserfassaden, ...) in nur wenigen Jahren, in dem alte Funktionen aufgegeben werden und Gebäude leer stehen und nach einigen Jahren schließlich Neubautätigkeiten einsetzen. Anziehend ist gerade die Dynamik aus Niedergang und Wachstum (HAFNER 2007, S. 16).

Die Vielfalt an Menschen mit unterschiedlichen ethnischen, religiösen und kulturellen Hintergründen und unterschiedlichen Lebensentwürfen erzeugt ein inspirierendes und stimulierendes Umfeld. Dies führt zu einer höheren Attraktivität der Region und zieht weitere kreative Wissensarbeiter und Unternehmen an. Lebensqualität und eine

Stadtkultur der Offenheit und Vielfalt sind somit harte, betriebswirtschaftlich rationale Standortfaktoren, denn sie sind Voraussetzung für Kreativität und damit auch für Produktivität. Die standortfaktoren Lebensqualität, Offenheit und Toleranz sind nur schwer messbar. Hinweise können populärwissenschaftliche Städte-Ranglisten, die Zahl der Ausländer und deren Integration in den Arbeitsmarkt geben. Weiter sind es auch die vielen kulturellen Angebote, die die Kreativen anziehen (HAFNER 2007, S. 22).

5. Schluss - Abgrenzung der Begriffe

Nun wird ein Versuch unternommen, die drei Begriffe abzugrenzen. Zuerst kann festgehalten werden, dass Wissen und Kreativität Grundvoraussetzungen für eine tiefergehende Innovation sind. Kreativität ist nur Mittel zum Zweck. Mit Kreativität alleine kann man nichts Produktives schaffen. Es ist aber wichtig, um sich Wissen (vor allem implizites) anzueignen und innovatorisch tätig zu sein. Wissen alleine ist tot. Es muss in einen bestimmten Kontext gesetzt werden, in einer bestimmten Situation angewendet werden, um sinnvoll und nützlich zu sein. Wenn Innovation als Ziel betrachtet wird, ist Wissen und Kreativität der Weg dorthin.

6. Gedruckte Quellen

Bathelt H., Glückler J. (2003): Wirtschaftsgeographie. Stuttgart.

Bierfelder W. Dr. (1994): Innovationsmanagement. Prozessorientierte Einführung. München.

Biermann T., Dehr G. (1997): Innovation mit System. Erneuerungsstrategien für mittelständische Unternehmen. Berlin.

Brunotte E., Gebhardt H. (2002): Lexikon der Geographie. Heidelberg.

Köck P., Ott H. (1997): Wörterbuch für Erziehung und Unterricht. Donauwörth.

Kulke E. (2009): Wirtschaftsgeographie. Paderborn.

Leser H. (Hrsg.) (1997): Diercke Wörterbuch: Allgemeine Geographie. München.

Meusburger P. (1998): Bildungsgeographie Wissen und Ausbildung in räumlichen Dimensionen. Heidelberg.

Probst G., Raub S., Romhardt K. (2003): Wissen managen. Wie Unternehmen ihre wertvollste Ressource optimal nutzen. Wiesbaden.

Schweitzer M. in: Bea F. X., Helm R., Schweitzer M. (2009): BWL Lexikon. Stuttgart. S. 157-159.

Zurbriggen E. (2009): Prüfungswissen Schulpädagogik – Grundlagen. Bern.

7. Internetquellen

Aschendorff Verlag (Hrsg.) (o.J.): Hochschulen in Deutschland. Münster. URL: http://www.studentenpilot.de/studium/hochschulen/listeuniversitaetenfachhochschulen.ht m. (25.09.2010).

Hafner S. (2007): München Standortfaktor Kreativität. München. URL: http://www.wirtschaft-muenchen.de/publikationen/pdfs/standortfaktor_kreativitaet.pdf. (25.09.2010).

Lutterbeck B. (2006): Die Zukunft der Wissensgesellschaft. Bonn. URL: http://www.bpb.de/themen/BI1A67,0,0,Die_Zukunft_der_Wissensgesellschaft.html. (25.09.2010).